IDÉES
SUR LES SECOURS
A DONNER
AUX
PAUVRES MALADES
DANS UNE GRANDE VILLE.

Miseris succurrere disco.
Virg.

par Dupont de Nemours

PHILADELPHIE,

Et se trouve à PARIS,

Chez MOUTARD, Imprimeur-Libraire de la Reine ; rue des Mathurins, Hôtel de Clugny.

M. DCC. LXXXVI.

Ces Idées avaient été jettées ſur le papier uniquemeut pour les Commiſſaires de l'Académie. Ils ont jugé qu'il pourrait être utile de les publier, & l'Auteur ſe conforme à leur intention.

TABLE.

FIN DE LA TABLE.

AVANT-PROPOS.

LE Projet de M. Poyet pour établir à l'Isle des Cygnes l'Hôtel-Dieu de Paris, ce qu'il a dit au sujet de cet Hôpital dans son état actuel, & les objections qui lui ont été faites, ont ramené sur les Maisons de charité l'attention du Public.

Le Ministere a consulté l'Académie des Sciences. On ne peut qu'attendre de cette illustre Compagnie le travail le plus utile & le plus approfondi. Mais accoutumée à ne pas s'écarter du cercle de connaissances qui ont paru jusqu'à ce jour l'objet particulier de son institution, il serait possible que l'Académie fût portée à ne considérer les queſtions qui lui ont été propoſées, que dans ce qui a rapport à la Médecine, à la Phyſique & à l'Architecture. Il paraît à ſouhaiter qu'elle étende plus loin ſes regards ; & c'eſt ce qui détermine à mettre ſous ſes yeux quelques obſervations morales & politiques ſur la matiere dont elle eſt occupée.

La Morale, la Politique, l'Adminiſtration même ſont auſſi des Sciences, dont les principes, comme ceux des autres Sciences, doivent être cherchés dans la nature ; & qui, comme les autres Sciences, préſentent une foule de Problêmes, dont il faut eſpérer que la plûpart deviendront ſuſceptibles d'être rigoureuſement réſolus par le calcul, & les autres de l'être avec un degré d'approximation ſuffiſant pour éclairer, dans la pratique, les intentions d'un Gouvernement paternel.

Ce ſerait, ſans doute, un grand ſervice à rendre au genre humain, que de contribuer à inſpirer aux meilleurs eſprits le déſir de s'occuper des objets qui intéreſſent le plus la Société civile. Lorſqu'ils auront conçu la curioſité d'appliquer aux queſtions d'utilité publique la méthode de l'obſervation, ſeule voie qui puiſſe conduire à la ſoumettre par la ſuite au flambeau de l'analyſe, on pourra ſe flatter que beaucoup d'opinions qui ſemblent arbitraires aujourd'hui, finiront par ne pouvoir plus l'être ; & il eſt plus que vraiſemblable, qu'on reconnaîtra que l'art de rendre les hommes heureux tient à un fort petit nombre d'inſtitutions & de loix.

En offrant aux Commiſſaires de l'Académie les Réflexions qu'on va lire, on enviſage le double avantage d'indiquer quelques vues propres à tourner au ſoulagement des Pauvres & à l'économie des fonds publics, & par l'uſage que les Savans pourront faire de ces vues, de concourir peut-être à étendre le domaine de l'Académie.

IDÉES
SUR LA NATURE, LA FORME
ET L'ÉTENDUE DES SECOURS
A DONNER
AUX PAUVRES MALADES
DANS UNE GRANDE VILLE.

CHAPITRE PREMIER.
Principes généraux.

LORSQUE l'on veut ſavoir ce qu'il faut faire, en certains cas donnés, dans une Société politique très-compliquée, il n'eſt pas inutile d'examiner quelle eſt la marche naturelle de l'esprit, & quelle est celle du cœur humain dans les petites Sociétés particulieres, dont la réunion & la confédération ont formé la grande Société : car il y a une sorte de convenance qui tient à la nature de l'homme & à ses rapports avec les objets dont il est entouré ; & l'on chercherait vainement ailleurs les principes & la régle des actions & des institutions.

Il n'est pas dans la nature de demander à autrui ce que l'on peut faire soi-même, sans un trop grand effort.

L'homme souffrant commence par supporter son mal, & par y apporter de lui-même, avec ses propres moyens, le soulagement qu'ils peuvent lui procurer.

Quand les moyens de soulagement qui dépendent de lui sont insuffisans, il se plaint ; il commence à implorer le secours de ses parens & de ses amis : & chacun d'eux l'assiste, par la suite d'un penchant naturel que la compassion met, du plus au moins, dans le cœur de tous les hommes.

Cette aſſiſtance a cependant des bornes; elle eſt limitée par les moyens & par la volonté de ceux qui la donnent; elle ne peut s'étendre au-delà du terme où les ſoins & la fatigue qu'ils prendraient leur ſembleraient plus pénibles que la compaſſion qu'ils reſſentent. Ce terme s'éleve très-haut, quelquefois juſqu'au ſacrifice de la vie chez les cœurs ſenſibles & vivement affectionnés; il a peu de portée chez les indifférens. Mais, ſi l'on pouvait s'exprimer ainſi, il préſente toujours une ſorte d'équation, en raiſon de laquelle l'aſſiſtance eſt donnée tant qu'elle paraît, à l'homme qui s'y dévoue, un moindre fardeau que celui de la compaſſion dont il eſt ému.

C'eſt ce qui fait que les ſecours de la famille, unie par l'amour & par l'amitié, ſont toujours les premiers, les plus attentifs, les plus énergiques, & ceux dont eſt le plus véritablement soulagé l'être-souffrant, qui dans l'assistance qu'il reçoit, compte pour beaucoup la consolation qu'il éprouve, & a besoin de trouver une jouissance morale, jointe à un service physique.

Mais quelquefois, & trop souvent sans doute, les efforts de la famille ne peuvent suffire aux besoins urgens & multipliés de l'individu qui souffre. Qu'arrive-t-il alors? La famille à son tour invoque le secours de ses voisins. Ceux-ci en donnent, qui deviennent utiles, qui suppléent un peu à l'insuffisance des premiers, mais qui, offerts avec moins de zêle, & suivis avec moins d'intérêt, sont loin d'avoir par leur nature, la même efficacité.

C'est bien pis, quand, au lieu de l'assistance des voisins, il faut avoir recours à celle du village, ou de la paroisse, ou de la municipalité, ou de la province, ou de l'Etat. Plus le secours vient de loin, moins il vaut, & plus il paraît lourd à ceux qui l'accordent.

Cet inconvénient ayant sa source dans la constitution de l'homme & de la société, il est impossible d'y échapper; & il en résulte que, lorsqu'il s'agit de soulager l'infortune & la maladie, la société elle-même, pour exercer une véritable charité, doit s'employer le moins qu'il soit possible, & faire, autant qu'il peut dépendre d'elle, usage des forces particulieres des familles & des individus.

CHAPITRE II.

Des secours à donner aux Pauvres malades domiciliés.

C'EST d'après les principes, ou l'obfervation conftante des faits, qui viennent d'être expofés, qu'il commence à être reconnu que le fecours qui convient le mieux à l'infortuné valide, eft le moyen de s'affifter foi-même par fes propres forces & par fon travail ; que l'aumône à l'homme fain & robufte n'eft pas une charité, ou n'eft qu'une charité mal entendue; qu'elle impôfe à la fociété une charge fuperflue ; qu'elle la prive d'un travail utile ; qu'elle avilit celui qui la reçoit ; qu'elle lui ôte la fatisfaction de lui-même, cet exercice du corps & ce contentement de l'efprit fi néceffaires à la fanté.

Auffi voyons-nous aujourd'hui le Gouvernement & les Propriétaires, diminuer les diſtributions gratuites, & multiplier les travaux de charité.

Le produit du travail des pauvres, s'ajoûte par cette méthode aux fonds & aux moyens deſtinés à les ſecourir. Il ſe fait plus de bien à moins de fraix. Plus d'individus trouvent à ſatisfaire leurs beſoins; plus de vertus ſont déployées; les vices ont moins d'occaſions de ſe développer; le genre humain s'améliore, & devient moins malheureux.

C'eſt un progrés dans la morale & dans la civiliſation, qu'il faut remarquer, avec non moins d'intérêt ſans doute, qu'on remarquerait un progrès dans ce qu'on a quelquefois nommé trop excluſivement les ſciences.

Qu'on pardonne donc cette obſervation conſolante; & revenons à notre ſujet.

Si le pauvre ſain & robuſte doit être ſecouru en l'aidant à s'employer lui-même, en lui fourniſſant l'occaſion & le ſalaire d'un travail profitable; ſi c'eſt à ſon égard la perfection de la charité conſidérée ſous l'aſpect de bienfaisance, & sous celui d'économie publique & privée, de bonne & sage administration : lorsqu'il devient malade, il doit par la même raison, pour son propre bien & pour celui de l'Etat, ne retomber à la charge de la Société, qu'au moment où la famille est impuissante, & précisément en proportion de cette impuissance.

Il faut que les familles soient instruites de la grande régle : *Aide-toi, le Ciel t'aidera*; & n'imaginent pas devoir s'épargner tout effort, parce que ceux qu'elles pourraient faire, ne sauraient atteindre au but qu'elles se proposent.

La Société ne doit à tout individu, même en infirmité, lorsqu'il a une famille ou des liaisons d'amitié, de domicile, d'habitude, de circonstances qui suppléent à une famille, qu'une addition aux secours qu'il peut tirer de cette famille, & jusqu'au tems où recouvrant la santé, il redeviendra dans le cas de se soutenir lui-même par son travail.

On doit considérer, que l'Etat ne possede rien, & ne peut qu'ordonner des impôsi-
tions

tions ou recueillir des contributions; qu'il ne ſaurait pourvoir aux beſoins des pauvres, non plus qu'aux autres charges publiques, ſi ce n'eſt aux dépens de Citoyens, dont la plûpart ſont eux-mêmes très-pauvres, & qu'il faut bien ſe garder de conduire au dégré de miſere qui les ferait paſſer de la claſſe de ceux qui donnent l'aſſiſtance, parmi ceux qui ont beſoin de la recevoir.

Un grand nombre de fondations ont été faites, il eſt vrai, pour la charité publique; mais très-peu d'entre-elles, ſuffiſent à l'objet auquel elles ont été deſtinées. Preſque toutes les maiſons de charité font des dettes, & réclament de tems en tems, pour les payer, les bienfaits du Gouvernement: & le nombre des infortunés eſt ſi conſidérable, que, tout imparfaits, tout repouſſans même que ſont les ſecours de la plûpart des hôpitaux, il reſte encore une multitude d'individus qui ne peuvent y atteindre dans la plus grande partie du Royaume.

L'Hôtel-Dieu de Paris ne refuſe perſonne; mais l'engorgement qui en réſulte dans cette maiſon, fait qu'on ne ſe détermine à y avoir recours, qu'à la derniere extrémité : ce qui contribue pour quelque choſe à la mortalité conſidérable qu'on y remarque, & que cet engorgement ne fait qu'accroître.

Tout conduit donc à ſentir combien il eſt important de ne charger la ſociété envers les pauvres malades, que de la portion de ſoins & de dépenſe à laquelle leurs familles naturelles ou adoptives ne ſauraient pourvoir.

Et ce n'eſt pas ſeulement le calcul rigoureux d'une juſte & prudente économie, c'eſt encore la combinaiſon d'une bienfaiſance éclairée & ſentimentale, qui doit faire craindre de condamner aux ſalles d'un hôpital, & à la négligence inévitable de ſes Infirmiers, celui qui peut avoir chez lui, ou chez un autre, un mauvais lit qu'il ne partage avec perſonne, & les ſoins d'une parente ou même d'une voiſine qui ne ſoient point partagés.

Toutes les fois qu'en ſecourant les pauvres malades, on peut leur épargner la fatigue du transport, le déchirement des séparations, l'effroi qu'inspire l'entrée d'une grande maison publique, où ils ne connaissent personne; & qu'ils ne sauraient s'empêcher de regarder comme le temple de la mort, on a déjà commencé un grand acte de charité. Il y a pour le continuer dans beaucoup de maisons particulieres, même très-pauvres, un reste d'ustensiles & de propriétés, quelques meubles, quelques vases, tantôt un peu de bois; tantôt quelques lambeaux de linge, tantôt quelque autre chose, qui peuvent servir aux pauvres malades. Il y a souvent une famille, & plus souvent encore des compagnons de pauvreté, portés d'affection à soigner l'ami, le voisin, ou le parent infirme, & qui peuvent eux-mêmes y trouver du soulagement. Il ne faut pas dédaigner ces petites ressources, qui deviennent considérables par leur ensemble, & qui évaluées & additionnées montreraient un grand capital tout disposé pour se joindre selon le gré d'une administration bienfaisante aux fonds de la charité publique. Il faut chérir l'occaſion de rendre, ſans augmentation de dépenſe, aux particuliers dont on peut employer le miniſtere pour ſecourir les pauvres, un ſervice à peu-près égal à celui qu'on tire d'eux.

Toutes les fois qu'on ſe rapproche de la nature, les biens ſe cumulent. Lorſqu'on s'en éloigne, ils ne ſe font plus qu'aux dépens les uns des autres. Un artiſan, un ouvrier, peres de famille, tombent malades, leur ſalaire qui faiſait vivre leur ménage, eſt interrompu. Si on les tranſporte dans un hôpital, ils quittent avec une double affliction leur femme & leurs enfans, dont ils regrettent les ſoins : leur femme & leurs enfans qu'ils laiſſent ſans pain & réduits à la mendicité.

Si au contraire on ne les ſépare point, le pere ſoigné & conſolé, ſera moins longtems & moins dangereuſement malade ; & dans la dépenſe que la charité devra faire pour lui, il y en a une partie, qui, ſans lui nuire & ſans multiplier les fraix, peut tourner au profit de ſa famille. Il faut bien que quelqu'un mange la viande dont on lui aura fait du bouillon; & en chauffant sa ptisanne, il n'en coûte pas plus de chauffer aussi ses enfans. La femme & les enfans peuvent donc se trouver sauvés de la misere, si au lieu d'envoyer le malade dépenser ttente sols par jour dans un Hôtel-Dieu, on le laisse, aidé de leurs soins, en consommer vingt au milieu de ceux qui l'aiment & qui lui sont chers.

Cette forme étendrait les liens de l'amitié chez le Peuple. Ceux même qui n'auraient point de famille, se verraient souvent assistés par un zêle véritable, ou préférable du moins à celui des Infirmiers, si ce zêle était assuré d'être soutenu & réchauffé par un partage dans la petite pension journaliere, & par le droit de consommer la viande des bouillons. Tout sentiment naturel peut être tourné à bien, & l'intérêt même peut perfectionner les mœurs, s'il est mis sur une bonne voie par une intelligente charité.

Cette intelligence ne peut se déployer

avec tous ses avantages, que dans un cercle peu étendu. Il ne faut pas faire d'un travail d'humanité, une entreprise au-dessus des forces de l'homme; mais il y a des divisions de territoire assez raisonnablement limitées; il est possible de monter dans chaque Paroisse une bonne & louable administration proportionnée au nombre & aux besoins des pauvres malades domiciliés. Il n'y en a aucune où le zéle de MM. les Curés n'ait commencé quelque chose de pareil; & si l'on attribuait à chacune d'elles, en raison de son étendue & de l'espece d'habitans dont elle est peuplée, une partie des fondations destinées au soulagement des pauvres, il n'y en a point où l'on ne pût faire ainsi des biens inappréciables. La bienfaisance du Pasteur trouverait dans toutes à être secondée par l'activité des âmes pieuses, & par la sensibilité courageuse des Dames de charité, qui prennent, à secourir les pauvres, un plaisir qui compense tous ceux auxquels elles renoncent volontairement.

Nulle part les fraix ne seraient considérables. Ils seraient par-tout diminués : premierement, par les services gratuits que rendraient aux malades leurs parens ou leurs voisins ; secondement, parce qu'il y aurait en effet bien moins de fraix à faire.

Le plus grand article de dépense que présentent tous les hôpitaux, celui des bâtimens & l'intérêt du capital de leur construction, se trouverait entierement supprimé. Il ne serait pas nécessaire non plus, de monter & de renouveller sans cesse une grande apothicairerie, dont le logement, l'arrangement, les vases & les drogues absorbent encore un gros capital, duquel l'intérêt doit aussi être ajouté aux dépenses annuelles, & dont la direction & la distribution, quelque vigilante que l'administration puisse être, risquent toujours, dans une maison très-considérable, de dégénérer en une source d'abus presque inévitables. On pourrait avoir des prix faits très-modérés avec un Droguiste & avec un Apothicaire, qui ne délivreraient les matieres qu'à mesure de la consommation sur l'ordonnance du Médecin.

Les honoraires de celui-ci, & l'entretien d'un petit nombre de Sœurs & du Chirurgien, feraient presque la seule dépense qu'il faudrait ajouter à celle que feraient personnellement les malades; & cette dépense serait médiocre, parce que plusieurs raisons peuvent faire desirer aux Médecins, jeunes & instruits, d'être chargés du soin des pauvres domiciliés. Il y a beaucoup de considération & de réputation à gagner auprès des Dames de charité & des Bienfaiteurs des Paroisses, en remplissant dignement ce ministère. Il est peu de professions où les bonnes-œuvres puissent conduire aussi aisément & aussi promptement à la fortune, & ce qui est encore plus rare à une fortune juste & méritée.

Le Médecin des Pauvres domiciliés, quand il a de l'instruction & la tête bien faite, devient nécessairement un grand Médecin; il acquiert en peu de tems une véritable expérience, fondée sur les phénomenes naturels de toutes les especes de maladies.

Le Médecin d'hôpital, au contraire, a

besoin d'être beaucoup plus habile pour échapper au danger de la fausse expérience, qui semble résulter des maladies artificielles & compliquées auxquelles il doit donner ses soins dans les hôpitaux.

En effet, aucune maladie d'hôpital n'est pure. Le mélange des miasmes, qui s'échappent de tous les malades, leur nuit à tous; & deux maladies affreuses, la fiévre de prison & le scorbut (*), empoisonnent toujours, du plus au moins, les autres infirmités dont on va chercher dans les hôpitaux une guérison incertaine.

Il a été remarqué dans l'hôpital de Lyon, que le voisinage des fiévreux envenimait les plaies des blessés : & dans l'Hôtel-Dieu de Paris, que l'opération du trépan y est mortelle, quoiqu'elle soit curative ailleurs.

Cette communication de principes délétères, n'est pas toujours aussi sensible ; mais

(*) On pourrait y en ajouter une troisiéme qui leur survit : la gale que l'on gagne presque toujours à l'Hôpital, & qui ne se déclare souvent qu'après qu'on en est sorti.

elle ne peut pas cesser d'avoir lieu dans un séjour où des malades, & des malades de toutes sortes de maladies, se trouvent rassemblés.

Le Médecin est donc exposé dans les hôpitaux à diminuer son habileté, lorsqu'il pense l'accroître : tandis que celui qui soigne les Pauvres malades domiciliés, est sûr de perfectionner réellement ses connaissances, & de n'en acquérir aucune qui ne puisse trouver son application dans la cure des maladies qu'il sera chargé de traiter le reste de ses jours.

Cette considération, relative aux progrès & à la perfection de l'art de guérir, est très-importante, & suffirait peut-être pour déterminer à faire soigner chez eux les Pauvres malades qui ont un domicile, quand on n'y serait pas porté par des vues de compassion pour eux-mêmes, d'humanité pour leurs familles, & d'économie pour la Société.

Au reste, on ne propose ici rien de nouveau. Ce plan qui a paru humain, raisonnable, dicté par les principes d'une saine philosophie & d'une véritable charité, est suivi en Angleterre. La plûpart des hôpitaux y étendent leurs soins sur une quantité de malades externes, beaucoup plus grande que celle des malades qu'ils admettent dans leur intérieur. Celui de Chester, soigne année commune, trois cents malades à l'hôpital même, & six cents dans leur propre domicile.

Cette derniere méthode pour les secourir, a été adoptée dans quelques paroisses de Paris, & notamment dans celle de Saint-Roch.

Le digne & vertueux Pasteur auquel elle est confiée, ne laisse aller à l'Hôtel-Dieu que les malades qui n'ont aucun domicile, ou qui ne sont pas assez bons sujets pour trouver un ami ou une voisine qui veuillent leur donner quelques soins. M. *le Docteur* SALLIN, Doyen de la Faculté de Médecine, est chargé depuis vingt ans, de la respectable fonction de Médecin des Pauvres de cette Paroisse; & son exercice n'a sûrement pas peu contribué à lui donner ce coup-d'œil juste, cette sagacité, cet amour intelligent & actif du bien public, qui le font révérer dans sa Compagnie, & le rendent cher à la Société. Il a été secondé par M. *de la* FAYE, Chirurgien estimé. Environ cent malades sont habituellement soulagés, & quelquefois jusques à trois cents l'ont été par leurs soins; huit Sœurs ont suffi aux préparations de bouillons & de médicamens. On a toléré que quelques femmes chargées de porter chez les malades la ptisanne, les bouillons, le bois, les portions, les remedes, en reçussent une rétribution d'un sol par jour, qui, par le nombre de malades auxquels elles rendent ce service, suffit à leur entretien; elles sont nourries avec les Sœurs. Lorsque le malade est trop pauvre pour fournir cette petite rétribution, il arrive ordinairement que ses parens ou ses amis le font; & en tout cas, M. le Curé y pourvoit, afin que le zêle des porteuses soit égal pour toutes les maisons où elles ont à remplir leur ministere.

La dépense ne se monte par tête de

malade que fur le pied de *quinze fols* en été, & de *dix-fept* à *dix-huit* en hiver. M. le Curé de Saint-Roch a dit fouvent qu'il fe trouverait très-heureux d'avoir un fonds de *vingt fols* par jour pour chacun de fes malades.

On affure qu'à l'Hôtel-Dieu ils en coûtent *trente.*

Sur le nombre de Pauvres malades qui font dans Paris, on peut compter qu'il y en a, l'une dans l'autre, au moins *cent* par Paroiffe, qui font fufceptibles d'être ainfi traités & fecourus chez eux.

Il y a trente-huit Paroiffes hors de la Cité : celle-ci en renferme huit, mais fi petites que, pour l'étendue & la population, elles ne peuvent réunies être comparées qu'à une de celles du refte de la Ville.

Il pourrait donc y avoir dans Paris *trois mille neuf cents* Pauvres malades, &, à *quatre-vingt* feulement par Paroiffe, il y en aurait encore plus de *trois mille* foulagés & foignés de la manière la plus avantageufe à l'art de guérir, fans aucune dépenſe de logement, avec peu de dépenſe de ſerviteurs; en faiſant participer, ſans augmentation de fraix, leur famille ou les autres indigens dont ils ſont environnés, aux ſecours qu'ils recevraient; en leur épargnant à eux-mêmes la commotion phyſique & morale du tranſport, & la douleur inévitable à laquelle il eſt ſi naturel de ſuccomber lorſque l'on abandonne les ſiens avec la crainte que ce ſoit pour jamais, & lorſqu'on s'en voit abandonné.

CHAPITRE III.

Des secours à donner aux Pauvres malades qui n'ont point de domicile.

NOUS venons d'exposer quelles doivent être la nature & à-peu-près la forme de l'assistance à donner par la Charité publique & privée aux Pauvres malades, qui ont une famille ou des liaisons qui en tiennent lieu. Mais dans une Ville immense, où des Ouvriers de toute espece affluent de plus de deux cents lieues, il y a malheureusement un grand nombre d'individus totalement isolés, qui même, à proprement parler, n'ont pas de domicile, ou n'en ont point de fixe, & où se puissent trouver aucunes des commodités nécessaires pour les soigner en maladie; il faut bien qu'ils soient secourus dans une maison publique. Alors cependant, il importe encore qu'en l'absence de toute famille, l'Adminiſtration de la Maiſon publique où l'on recueille les infortunés, puiſſe ſe rapprocher un peu de l'eſprit de famille, de l'ordre, des ſoins & de l'affection qu'il entraîne.

L'intelligence & l'activité de l'homme ont, comme ſes forces, des bornes aſſez étroites, & ne peuvent ſoutenir qu'un certain nombre d'idées & de relations: c'eſt ce qui fait qu'en général les familles ſont mieux gouvernées que les Empires. On ne peut étendre l'enſemble qu'en négligeant les détails. Or dans les ſoins à donner aux Malades, les détails ſont tout. C'eſt en détail que chacun ſouffre; c'eſt en détail qu'il a beſoin d'aſſiſtance & de conſolation. Aucune grande Adminiſtration n'eſt donc propre à le ſecourir.

On dit que les grandes Adminiſtrations peuvent apporter quelque économie dans l'achat des fournitures, & un fort bel ordre dans leur diſtribution. Il n'eſt point du tout prouvé que cela ſoit vrai. D'autres prétendent au contraire, que les grandes

Adminiſtrations

administrations sont inséparables d'une foule d'abus & d'un gaspillage dans les dépenses, qui ne peuvent être prévenus ni réprimés par la vigilance la plus attentive, & qui absorbent bien au-delà de l'économie que de plus grands moyens, ou des opérations plus considérables, pourraient procurer dans les achats.

Mais, quand ces derniers se tromperaient, ce n'est ni l'économie des achats, ni la régularité des distributions qui intéressent essentiellement les Malades. Il est trop prouvé en Médecine que les remedes guérissent peu, & que les attentions soulagent beaucoup. Les attentions ne sauraient être réglées par une horloge.

Moins les maisons publiques destinées aux Pauvres malades seront grandes, & mieux ils y seront soignés; parceque les Administrateurs & les sous-ordres y pourront plus aisément prendre pour les Malades qui leur seront confiés, le sentiment d'une charité paternelle.

Il faut bénir la Dame étrangere qui a

profité du crédit dont elle jouiſſait &, de la vénération dont elle jouira toujours, pour nous donner l'exemple d'un hoſpice, où les Malades, ſoignés avec humanité, meurent moins que dans aucun des autres hôpitaux de la Capitale; & il faut ſouhaiter qu'un zêle trop ardent ne conduiſe pas à multiplier les lits de cet hoſpice, de maniere à en former à ſon tour un grand hôpital. Ses ſuccès tiennent principalement à ce que l'entrepriſe eſt bornée.

Moins ces maiſons ſeront conſidérables, & plus il ſera facile à des hommes d'une capacité ordinaire, & tels que ceux qu'on trouve à employer, d'y établir & d'y maintenir le bon ordre, les bonnes mœurs, l'économie, & la probité de détail.

Il eſt un autre avantage inappréciable pour la bonne adminiſtration & l'inſpection des maiſons de peu d'étendue deſtinées aux Pauvres malades; c'eſt d'y pouvoir conſacrer aiſément des ſecours gratuits offerts par un zêle pur & déſintéreſſé, de ces ſecours de bienveillance, que, dans le premier état naturel & avant toutes les fondations d'hoſpices, les parens, les amis, les voiſins aiment à donner.

Il exiſte dans la Société une claſſe auſſi touchante que reſpectable, les femmes qui, ſouvent belles encore, commencent à ſe dégoûter du monde, & qui n'ayant pas épuiſé le fonds de ſenſibilité, peut-être inépuiſable, que le Ciel leur a donné pour leur bonheur & pour le nôtre, cherchent au milieu des infortunés la ſatisfaction de bien faire & les douceurs de la reconnaiſſance : ſeules conſolations pour les pertes que le tems, la mort, ou l'inconſtance accumulent ſur toute vie qui n'eſt pas moiſſonnée dans ſa premiere fleur. Il y a chez ces femmes excellentes & ſi dignes des hommages du genre humain, un véritable tréſor de charité; & le Gouvernement qui dédaignerait de s'en ſervir, & qui croirait pouvoir le ſuppléer en argent, ſerait bien privé lui-même de ſentimens charitables.

Il faut au contraire ne laiſſer perdre la bienfaiſante influence d'aucun des foyers où leur piété ſecourable réunit leurs efforts. Et comme il n'y a point de Paroiſſe qui n'ait ſes Dames de Charité, il ne doit pas y avoir de Paroiſſe qui n'ait ſon hoſpice pour les Pauvres malades qui manquent d'habitation & d'amis. Quel bonheur que de trouver des Meres à ceux même qui ſemblaient dénués de tout lien ſocial !

Les petits hoſpices auſſi multipliés que les paroiſſes, joindraient à l'avantage ineſtimable de pouvoir employer au ſecours des pauvres malades cette active charité des Dames pieuſes de tous les rangs, celui d'y conſacrer encore une autre paſſion qui leur eſt preſque également naturelle : ce léger ſentiment de jalouſie qu'elles ſe cachent ſouvent à elles-mêmes, mais que, rivales en perfections, elles ne peuvent manquer de s'inſpirer. Avides de reconnaiſſance & de gloire, elles ſe diſputent dans un âge mitoyen la douceur de mieux faire, comme elles ſe feraient diſputé quelques années plutôt, celle de plaire davantage ; & parce que c'eſt un moyen de plaire qui leur ſera toujours conſervé.

Les Dames de Saint-Euſtache feraient au déſeſpoir, ſi l'on pouvait dire que celles de Saint-Roch font tenir leur hoſpice en meilleur ordre, ou rendent leurs malades plus heureux, ou en perdent un moindre nombre.

A multiplier les hoſpices autant que les paroiſſes, outre la délicateſſe & la vigilance des ſoins que les Dames de charité peuvent y rendre, on gagnera donc le redoublement d'activité que l'émulation & la concurrence entre elles leur donnera néceſſairement.

Les paſſions ſont les forces de l'âme, & la ſageſſe des Gouvernemens conſiſte à tourner au bien public, & à rendre utile à la ſociété, l'énergie de toutes les paſſions particulieres.

En établiſſant un hoſpice par chaque paroiſſe, il ne ſera pas néceſſaire de le rendre trop conſidérable. Celui de Saint-Sulpice n'a que cent trente lits, & c'eſt la plus grande paroiſſe de Paris. On peut donc juger qu'en compenſant les forces des différentes paroiſſes, le nombre moyen de quatre-vingt lits pour l'hoſpice de chaque paroiſſe ſerait ſuffiſant.

Il eſt proportionné aux forces d'une adminiſtration privée. Une maiſon de quatre-vingt lits, inſpectée par le Curé, par les Marguilliers & par les Dames de charité, d'après des régles ſagement établies, & avec tous les motifs de zêle que nous venons de développer, ne ſaurait donner lieu à de grands abus. Chaque malade y peut être connu & ſuivi ; & le danger de la communication du mauvais air entre les malades, ſera infiniment moindre que dans un grand hôpital.

Quatre-vingt malades ainſi ſoignés par paroiſſe, feraient encore ſur les *trente-huit* paroiſſes ſituées à Paris, hors de la Cité, plus de *trois mille* malades traités & ſecourus avec une véritable humanité.

Et nous devons faire remarquer à nos Lecteurs, que ſelon nos idées, plus de *trois mille* autres l'auraient déjà été dans leur propre domicile, avec une humanité plus grande encore.

CHAPITRE IV.

Des secours à donner aux Pauvres malades, qui, sans avoir de domicile, ont des bienfaiteurs. — Moyens d'augmenter considérablement les fonds de charité.

NOUS ne nous lasserons point de répéter qu'il n'est aucunes des forces que la nature pourrait porter à secourir les pauvres malades, qui ne doivent être recueillies & dirigées vers cet objet par l'habileté de l'administration & par la sagesse des institutions qu'elle pourra faire ou favoriser.

Il est bien sans doute d'y employer les soins de la famille, la tendresse de l'amitié, le zêle de la piété, la sensibilité de l'amour-propre; il reste une passion moins noble, il est vrai, mais malheureusement aussi puissante, dont il ne faut pas dédaigner d'accroître leurs richesses, & qu'il faut enchaîner aussi à leur service ; c'est l'intérêt : c'est l'amour du gain.

Aux hospices uniquement de charité, il est possible, & il serait utile d'en ajouter d'autres qui produiraient le même effet pour les malades, & qui seraient un objet d'entreprise & de profit pour les Infirmiers en chef.

L'expérience des hospices de Saint-Sulpice & de Saint-Jacques du Haut-Pas, a prouvé que les pauvres malades peuvent être soignés à Paris, pour une dépense de *dix-sept* à *vingt sols* au plus par journée ; en y ajoutant *quatre sols* par jour pour l'intérêt des avances de l'établissement, & cette estimation est encore fondée sur le calcul de ce que ces hospices ont coûté, la journée du malade logé & meublé se montera de *vingt un* à *vingt-cinq sols* par jour, ou à *vingt-trois sols*, prix moyen.

Il s'ensuit qu'un Entrepreneur d'hospices, qui prendrait *trente sols* par jour pour la pension de ses malades, gagnerait de *cinq* à *neuf sols* par jour, ou au prix moyen, *ſept ſols* ſur chacun d'eux ; ce qui, pour un hoſpice de *quatre-vingt* malades, lui aſſurerait par an, tous fraix faits, & au-delà de l'intérêt de ſes avances, un bénéfice de *onze mille ſix cens quatre-vingt livres.*

Les premieres avances ſuppoſées à *cent mille francs* pour un tel hoſpice, ce qui ſe trouve au-deſſus de la proportion de ce qu'a coûté celui de la paroiſſe de Saint-Sulpice, l'intérêt de l'argent ſerait payé à près de *dix-ſept* pour *cent.*

Beaucoup de perſonnes peuvent être tentées de joindre ce bénéfice au mérite des œuvres de charité ; & peut être pour donner lieu à cette ſpéculation, ſuffit-il d'en indiquer la poſſibilité, d'en faire entrevoir le ſuccès, & d'exciter un peu les premiers établiſſemens.

La concurrence enſuite naîtrait entre eux, ſoit pour un meilleur ſervice au même prix, ſoit pour un ſervice égal à prix inférieur.

Cet établiſſement ajouterait beaucoup aux fonds de la charité, & diminuerait ſenſiblement le nombre des malades que l'on aurait à traiter, ſoit chez eux, ſoit dans les hoſpices gratuits des paroiſſes; parce que les ſoins d'un hoſpice où l'on paierait penſion, étant moins humilians à recevoir que ceux des hoſpices qui donneraient un ſecours gratuit, un grand nombre de perſonnes ſe détermineraient à y envoyer les malades auxquels elles prendraient intérêt. Les Maîtres riches n'ôſeraient faire placer ailleurs leurs domeſtiques. Les gens aiſés feraient ſollicités par leur propre cœur & par ceux qui les entourent, pour y ſoutenir les artiſans qui les auraient ſervi, ou qui ſeraient connus dans leur maiſon.

Cette impulſion, qui, en multipliant les charités privées, pourrait procurer une économie d'un tiers à la charité publique, ferait une raiſon pour que la charité publique elle-même contribuât à encourager les établiſſemens d'où une telle économie réſulterait.

Ce n'eſt point une idée neuve que de recevoir des malades à penſion; l'hôpital de Lyon a des lits deſtinés à cet uſage: & M. Poyet a propoſé d'en établir dans le ſien; mais c'eſt un inconvénient à Lyon, ç'en ſerait un bien plus grand à Paris, que de réunir dans la même maiſon les malades traités gratuitement, avec ceux qui le ſeraient à penſion. On ne peut, quand on prend ce parti, exciter à payer la penſion des malades, que par une inégalité dans les ſoins, ou dans la qualité des alimens, totalement contraires aux principes d'après leſquels doivent être établies & gérées les maiſons de charité.

Le dernier des indigens, lorſqu'il y arrive, y doit être ſoigné & ſervi avec les mêmes égards, les mêmes ſoins, les mêmes drogues & les mêmes alimens, que le ſerait un Prince, qui, bleſſé ſur la porte, y entrerait comme au lieu de ſecours le plus prochain. Entre ſes enfans infirmes qui réclament ſon aſſiſtance, la Société ne doit plus voir que l'homme; elle doit oublier la fortune & le rang.

Un hôpital ne doit pas être un *Reſtaurateur*, où l'on faſſe des conſommations à tout prix. Il faut que tout y ſoit bon : rien meilleur, ni pire.

Et dans les maiſons de ſanté, où l'on payerait penſion, rien non plus ne doit être meilleur que dans les hoſpices gratuits : ſi ce n'eſt la penſée qu'on n'eſt point à charge à la ſociété, & qu'on ne reçoit que les ſecours honorables de l'amitié, de la bienveillance, ou de la protection.

Ce qui rend l'aſſiſtance de la charité publique pénible à recevoir, c'eſt l'idée de dénuement abſolu qu'elle ſuppoſe. Il eſt amer de ne tenir à rien, de n'avoir point de famille, ou de n'en avoir qu'une totalement impuiſſante; de ne pouvoir trouver ni ami, ni protecteur.

Il y a au contraire une ſorte de gloire à intéreſſer les gens puiſſans, qu'on regarde comme meilleurs juges des qualités perſonnelles :

Principibus placuiſſe viris non ultima laus eſt.

Hor.

Et cette faible gloire eſt une conſolation

pour un cœur infortuné. C'eſt elle dont il faut réſerver la jouiſſance aux penſionnaires des maiſons de ſanté où ils ſeront reçus en payant. Il faut qu'ils puiſſent dire & ſe dire : *Je ne ſuis point à l'hôpital, je ſuis entretenu par mes amis, qui n'ont pas la commodité de me ſoigner chez eux ; & s'ils l'avaient eue, je ne ſerais pas même ici.*

Mais cette illuſion douce & ſecourable, car tout ce qui diminue les peines de l'âme hâte la guériſon des maladies, cette illuſion flateuſe eſt détruite, elle ne naît même pas ſi la penſion & l'hoſpice ſont dans le même bâtiment. L'idée de la partie la plus conſidérable entraîne l'autre. C'eſt toujours *á l'hôpital* qu'on a été : & qu'importe alors pour un caractere fier & ſenſible, (il y en a plus qu'on ne penſe parmi le peuple) qu'importe d'être plus ou moins bien traité ? Le chagrin empoiſonne les remedes.

Au fond cependant il y aurait peu de différence, quant à la charité, entre les maiſons de ſanté où les malades ſeraient reçus à penſion, & les hoſpices gratuits, & même nos hôpitaux actuels. Dans l'un & l'autre cas, l'humanité eſt plus ou moins bien ſecourue, & gratuitement pour l'individu qui a beſoin de ſecours. Dans l'un & l'autre cas, ceux qui fourniſſent le pain, le bois, la viande, les drogues, ne le font jamais gratuitement. Il en eſt de même de tous les ſubalternes qui doivent auſſi, dans l'un & l'autre cas, recevoir une rétribution. Il ne peut y avoir nul inconvénient de plus, à ce que l'Adminiſtrateur en chef, qui aurait fait les avances, en reçoive auſſi une proportionnée à ſes ſoins, à ſon intelligence, & à ſon capital.

Il eſt même avantageux que cela ſoit ainſi : puiſque ce peut être un moyen d'épargner à un aſſez grand nombre de pauvres malades, une peine morale, qui ajouterait à leurs ſouffrances phyſiques ; & puiſque ç'en eſt un auſſi d'arriver aux mêmes réſultats, & à un réſultat plus utile, avec moins de vertu : c'eſt-à-dire, plus aiſément, en faiſant ſervir au ſecours gratuit des pauvres l'intérêt des Entrepreneurs, & donnant à la charité privée des perſonnes riches une occaſion nouvelle de s'exercer, de façon qu'il reſte moins à faire à la charité publique.

L'établiſſement des maiſons de ſanté ouvertes aux malades penſionnaires, devant être un objet de profit pour les Entrepreneurs, le nombre n'en ſaurait être déterminé. Quoiqu'il fût à déſirer qu'il y en eût une ſur chaque paroiſſe, il n'eſt pas vraiſemblable qu'il s'en établiſſe promptement un auſſi grand nombre. Et ce ſera dans les paroiſſes les plus grandes, & où il y aura le plus de gens riches, qu'elles auront naturellement le plus de ſuccès.

L'adminiſtration de charité de ces paroiſſes, aurait intérêt à les exciter; ce qui ſerait peut-être néceſſaire pour les trois ou quatre premieres. On ne peut guere eſpérer qu'il s'en forme jamais plus de vingt dans Paris. Le Curé, & les autres Eccleſiaſtiques chargés d'y porter les ſecours ſpirituels, y exerceraient naturellement un droit d'inſpection; & il paraît qu'on ne devrait pas tolérer

tolérer qu'aucun de ces eſpeces d'établiſſemens, s'élevât à plus de cent lits. Il faudrait toujours craindre de retomber dans la négligence des ſoins de détail, à laquelle les grandes adminiſtrations ſont condamnées par la nature, & ſur-tout dans les inconvéniens de l'accumulation du mauvais air, & du mélange toujours ſi dangereux, des miaſmes qui s'exhalent de la plûpart des malades.

Vingt maiſons de ſanté, à *cent* penſionnaires chacune, recueilleraient *deux mille* malades, uniquement entretenus par la charité privée, & qui, ne coûtant rien aux fonds de la charité publique, laiſſeraient à ceux-ci la ſupériorité qu'il eſt ſi important de leur conſerver ſur les beſoins.

CHAPITRE V.

Comparaiſon des moyens propoſés avec le projet de M. Poyet. Inconvéniens inſéparables des grands hôpitaux. Calculs & réſultats.

LES moyens que nous avons propoſés pour ſecourir les pauvres malades, nous paraiſſent puiſés dans la nature des choſes, dans l'obſervation des différens mouvemens du cœur humain, dans les principes de l'art de guérir, & dans ceux d'une ſage économie. Peut-être devraient-ils nous diſpenſer d'examiner en détail le projet de M. Poyet, & la conſtitution des autres hôpitaux; mais c'eſt le projet de M. Poyet, qui a été ſoumis au jugement de l'Académie, & qui donne lieu à cet ouvrage; il ſerait donc déplacé de le paſſer ſous ſilence.

Les inconvéniens qu'il préſente, ne lui ſont point particuliers; ce ſont les principaux de ceux qu'on rencontre dans tous les grands hôpitaux.

Ce n'eſt pas que tous les grands hôpitaux ſoient également meurtriers. On ne peut diſconvenir que ceux où le peu d'étendue & la mauvaiſe diſpoſition du local, empêchent le renouvellement de l'air, & ne permettent pas de coucher tous les malades ſéparément, ne préſentent des détails bien plus affligeans, & une mortalité bien plus effrayante.

On en trouve un tableau vigoureux dans le Mémoire même de M. Poyet; & il avait déjà été tracé de maniere à ſerrer le cœur dans celui que M. de Chamouſſet à fait imprimer ſur l'Hôtel-Dieu de Paris.

Pour nous, qui ne voulons faire la ſatyre d'aucun établiſſement ſubſiſtant, ni même trop nous arrêter à leur hiſtoire; qui ſommes loin d'imputer aux hommes ce qui dépend de l'eſſence des choſes; & qui croyons qu'avec des ſoins & de la dépenſe, on pourrait remédier à tout, excepté aux maux irremédiables; nous nous bornerons à parler ici de ceux qu'il eſt impoſſible d'éviter dans les grands établiſſemens d'hôpitaux, & auxquels le Projet de M. Poyet donnerait ou laiſſerait encore lieu, même en le ſuppoſant exécuté dans le plus haut dégré de perfection.

Le premier de tous eſt la dépenſe énorme des bâtimens. M. Poyet eſtime à douze millions les fraix de conſtruction de ſon Hôtel-Dieu. Il a été démontré qu'ils s'éléveraient à plus de trente. Or trente millions ſont le capital de quinze cents mille livres de rente; & quinze cents mille livres de rente, dépenſés en ſimples bâtimens, dont l'entretien doit encore coûter cinquante mille écus, établiraient la dépenſe du logement des malades à *ſeize cents cinquante mille livres de rente* par an; ce qui, pour *quatre mille cinq cents* malades que l'on ſuppoſe habituellement ſoignés, porterait à *trois cents ſoixante-ſix livres* par année, ou à *vingt ſols* par jour la dépenſe de chacun, avant qu'il eût été pourvu à aucun de leurs beſoins, autre que celui d'être logé.

C'eſt préciſément ce que coûtent pour

la totalité de leurs besoins, & logement compris, les malades reçus dans l'hospice de la Paroisse Saint-Sulpice, & *trois sols* de plus que ne coûtent ceux de la Paroisse Saint-Roch, qui sont soignés chez eux, & n'ont pas besoin de logement.

En effet, si l'on adoptait les idées dont nous avons tâché de faire sentir l'utilité, trois mille malades pourrraient être secourus dans Paris sans sortir de leurs maisons & sans aucune dépense de bâtimens.

Trois mille autres le seraient dans trente-huit hospices gratuits, dont les bâtimens pour loger quatre-vingt d'entre eux ne coûteraient pas, avec les meubles nécessaires, plus de cent mille francs chacun, & ne demanderaient qu'une avance de *trois millions huit cents mille livres.*

Deux mille autres enfin le seraient dans vingt maisons de Santé, où l'on trouverait de l'avantage à les recevoir en pension, & dont les bâtimens ne coûteraient rien à la charité publique.

Il est donc possible d'assister jusqu'à *huit*

mille malades pour moins de *quatre millions* de dépenſes nouvelles en bâtimens ; tandis que, ſelon le Plan de M. Poyet, il faudrait avancer plus de *trente millions* pour en loger habituellement *quatre mille cinq cents* & au plus *ſix mille*.

Un autre mal inſéparable des grands hôpitaux, & auquel celui de M. Poyet ne remédierait pas, c'eſt l'impoſſibilité d'adminiſtrer la diſtribution d'une immenſe quantité d'alimens, de fournitures & de drogues, ſans abus, ſans perte & ſans pillage. Il y aurait beaucoup de choſes à dire ſur ce que l'on ne peut empêcher à cet égard, avec les ſoins les plus purs & les plus vigilans de la part de l'adminiſtration, dans aucun établiſſement conſidérable. Mais il ſuffit de remarquer que les Malades à l'Hôtel-Dieu coûtent environ *trente ſols* par jour (2), tandis qu'à l'hoſ-

(2) Des calculs qui paraiſſent appuyés ſur des baſes ſolides portent cette dépenſe à *vingt-neuf ſols & ſept dixiemes de denier*; d'autres calculs, ſans doute, ont motivé l'aſſertion répandue par quelques Perſonnes dont on ne

pice de la Paroiſſe Saint-Sulpice ils n'en coûtent que *dix-ſept*.

Un autre mal qui fait frémir, & qu'il eſt preſque impoſſible d'éviter dans un hôpital où les malades ſont trop nombreux, c'eſt l'erreur dans la diſtribution des remèdes.

Un malade auquel une potion vivement cordiale a été ordonnée, tourne à la mort, il faut l'enlever de ſon lit ordinaire, & le

---

peut ſuſpecter la bonne foi, & qui aſſurent que les malades ne coûtent pas l'un dans l'autre plus de *treize ſols* par jour à l'Hôtel-Dieu.

On voit entre ces deux aſſertions contradictoires un moyen de conciliation. C'eſt que les uns ne comptent vraiſemblablement que les conſommations réelles des malades, tandis que les autres calculent toutes les dépenſes de l'établiſſement qui a été formé pour les ſoulager.

Cette derniere méthode nous paraît la plus exacte ; & nous croyons même que pour avoir la véritable valeur de la journée du malade, après avoir compté les dépenſes annuelles de l'établiſſement, qui renferment, outre les dépenſes & les conſommations journalieres, le renouvellement des meubles & des drogues, & l'entretien des bâtimens, il y faut ajouter l'intérêt du capital qu'ont coûté tant ces bâtimens que l'ameublement primitif. Nous avons lieu de croire que cet article des intérêts a été obmis par les perſonnes qui n'eſtiment qu'à *vingt-neuf ſols* par jour la dépenſe des malades à l'Hôtel-Dieu.

paſſer dans ceux deſtinés à ces triſtes momens; ſa place eſt priſe par un autre qui eſt dans le commencement d'une fiévre inflammatoire ; le diſtributeur arrive, guidé par le numéro, il donne la potion, & le ſecond malade ſuit le premier.

Dans le mieux adminiſtré des grands hôpitaux du Royaume, & peut-être de l'Europe, celui de Lyon, il y a eu des exemples de ce malheur : & ſes Directeurs l'ont avoué en 1782, dans une Inſtruction imprimée, qu'ils ont ſignée de leur nom & baignée de leurs larmes.

Un autre mal . . . . mais il faut s'arrêter. Pourquoi s'appeſantir ſur des maux qui doivent ceſſer, & qu'une charité non pas plus ardente ſans doute, mais plus éclairée, fera néceſſairement diſparaître.

On héſite avant d'abandonner des inſtitutions anciennes. Mais quel eſt celui qui, après avoir conſulté l'opinion publique & ſa propre réflexion, ôſerait propoſer à l'avenir d'entaſſer les millions & les malades, pour que ceux-ci expirent en dévorant les autres dans un grand hôpital.

Mais, nous dira-t-on, si l'on écoutait vos Projets, que deviendrait l'Hôtel-Dieu ? Ce qu'il est : le centre d'une grande & active charité, plus secourable qu'elle n'a pû l'être jusqu'à ce jour, & dont les bienfaits s'étendraient, comme à présent, sur tous les pauvres malades de Paris.

L'Hôtel-Dieu jouit, dit-on, tant en revenus particuliers, qu'en aumônes & revenus casuels, à qui le cours des mœurs a donné une sorte de régularité, d'environ *seize cents mille livres* de revenu, ou de quatre mille trois cents quatre-vingt-cinq livres par jour, avec lesquels il entretient depuis quinze cents jusques à quatre mille cinq cents malades, ou au terme moyen entre les tems de surcharge & ceux de soulagement, environ *trois mille* infortunés. Son Administration subsisterait : elle gérerait ses revenus : elle ferait une administration générale de charité, en correspondance avec tous les Curés des Paroisses situées hors de la Cité : elle jouirait du droit de vérifier le nombre des pauvres malades domiciliés, & de ceux qui feraient admis à l'hofpice gratuit dans chaque Paroiffe : elle ferait délivrer à chacune des Adminiftrations Paroiffiales *dix fols* par jour pour chaque malade ayant domicile, & *quinze fols* pour chacun de ceux qui feraient dans l'hofpice gratuit. Les fonds de charité déjà formés dans toutes les Paroiffes pour fecourir les pauvres feraient le furplus & n'y feraient pas infuffifans; car la charité des Paroiffiens ferait plus excitée, quand elle ferait sûre que le bien fe ferait dans la Paroiffe même, & avec un puiffant concours de la charité publique qui ferait à-peu-près les deux tiers de la dépenfe.

Trois mille malades domiciliés à *dix fols*, & *trois mille* autres dans les hofpices paroiffiaux à *quinze fols* par journée, ne coûteraient cependant à l'Hôtel-Dieu, qu'une dépenfe journaliere de *trois mille fept cents cinquante livres*. Il refterait *fix cents trente-cinq livres* par jour de fonds libres, qui ferviraient à foigner dans une partie des bâtimens actuels de l'Hôtel-Dieu, les malades des Paroisses de la Cité, & les femmes en couche qui ne voudraient pas être connues.

Il y aurait du surplus; & cet hôpital réduit à n'être plus qu'un grand hospice, pourrait non-seulement coucher séparément le petit nombre des malades qui lui resteraient, mais diminuer & perfectionner ses bâtimens de maniere à leur procurer les courans d'air qu'on y peut désirer.

La vente des matériaux de ceux des bâtimens qui seraient démolis, & celle du terrein qu'ils occupent sur la rue de la bucherie, dont la Ville pourrait payer par une rente annuelle la largeur suffisante pour un quai, formerait un nouveau capital, qui, converti en immeubles, accroîtrait encore les revenus de l'Hôtel-Dieu, & le mettrait dans le cas de venir un jour plus efficacement au secours des Enfans-Trouvés.

Peut-être dans l'estimation que nous venons de présenter de ces revenus, sommes-nous tombés dans quelque erreur ? Nous n'avons que des apperçus, & manquons de documens authentiques. Mais auſſi nous avons pris une bien grande marge. En effet, ſi l'on encourageait la formation des maiſons de ſanté où l'on recevrait les Pauvres malades en penſion, & ſi les Infirmiers de ces maiſons qui pourraient être portées au nombre de vingt, en ſoignaient deux mille aux dépens de la charité privée, il ſerait bien difficile qu'il en reſtât encore ſix mille à ſecourir dans les paroiſſes qui ſont hors de la Cité. Il faudrait pour cela que ſur *deux cents* habitans de Paris, il y en eût conſtamment *trois* pauvres & malades qui ne pûſſent ſe paſſer du ſecours de la charité : & c'eſt une ſuppoſition qui ſerait viſiblement exagérée. Les hôpitaux actuels n'en ſoignent gueres que cinq mille en tout.

Il ſera donc facile aux perſonnes qui ont des élémens plus certains que les nôtres ſur les revenus de l'Hôtel-Dieu, & ſur la véritable quantité des pauvres malades de rectifier nos calculs ; mais quels que ſoient ceux qu'ils y suppléeront, ils ne peuvent manquer de trouver pour résultat général :

Que les maisons de santé, où les pauvres malades seraient pensionnés par leurs protecteurs, diminueraient notablement le nombre de ceux qui sont aujourd'hui forcés d'avoir recours à la charité publique.

Que l'administration des petits hospices gratuits, où l'on n'admettrait jamais plus de cent malades, serait moins pénible que celle d'un hôpital où l'on doit en recevoir plus de quatre mille ; qu'il s'y commettrait naturellement moins de méprises ; que les malades y pourraient recevoir des soins plus suivis & mieux entendus ; que les Officiers de Santé y pourraient apporter une attention encore plus scrupuleuse ; que les Infirmiers pourraient s'y affectionner davantage à des devoirs qui ne surpasseraient pas leurs forces ; & que la mortalité y serait moins grande.

Enfin, que les malades qu'on pourrait soigner chez eux, sans les enlever à leurs familles, se trouveraient moins malheureux; que leurs maladies auraient un caractere plus naturel; que l'expérience qui en résulterait pour les Médecins serait plus utile, & que les pauvres familles seraient bien soulagées par les alimens & les autres secours dont elles pourraient profiter pour prix de leurs soins, sans augmenter la dépense réelle que le malade doit coûter à la charité publique.

Si l'on ne pouvait améliorer le sort des Pauvres malades que par l'établissement de l'Hôtel-Dieu que propose M. Poyet, & où ils seraient manifestement moins mal que dans celui qui existe, l'excès de la dépense ne devrait pas arrêter. Les soins à donner aux malheureux, qui joignent aux privations de l'indigence les douleurs & les dangers de la maladie, & à leur donner sous une forme qui soit pour eux un véritable secours, & non pas un moyen d'en débarrasser la société, étant une charge publique, & l'une des plus sacrées d'un Etat policé, il ne s'agirait pas de compter les millions, si ce n'était qu'en les prodiguant qu'on pût remplir ce devoir. Quiconque a ſenti le beſoin d'être conſolé dans ſes afflictions & ſecouru dans ſes infirmités, ne peut pas dire : Il en coûte trop cher, & je refuſe pour ma part de contribuer à rendre le même ſervice à mes ſemblables.

Mais, quand on peut, ainſi que nous l'avons démontré, en épargnant un capital immenſe, & avec une dépenſe annuelle moindre des *trois huitiemes*, ſoigner *un quart* de plus de malades indigens, leur épargner les plus cruelles de leurs peines, & en rendre à la vie *un tiers* de plus : il n'y a certainement pas à héſiter dans le choix ; & nul intérêt particulier ne ſaurait parvenir à égarer ſur un objet auſſi important l'opinion publique.

Comment ſommes-nous arrivés à mettre ſur la voie de ce terme heureux, où, avec la moindre dépenſe poſſible, on aſſiſtera le plus grand nombre poſſible de Pauvres malades, en ſoulageant autant qu'il ſera possible leur cœur affligé, & rendant plus efficaces de toutes les manieres les soins auxquels ils ont droit de prétendre ? C'est en tâchant de ne pas laisser perdre un des sentimens, un des penchans, une des vertus, une des passions, un des intérêts, & même une des faiblesses que l'on pourrait tourner à leur profit. Toute faculté de dépenser en argent est bornée : tout pouvoir physique est limité. Il n'y a que l'esprit & l'âme qui, plus rapprochés, si l'on peut ainsi dire, de la Divinité, tiennent d'elle une activité, une puissance, une bienfaisance presque incommensurables :

Mens agitat molem.

Ovid.

FIN.

www.ingramcontent.com/pod-product-compliance
Ingram Content Group UK Ltd.
Pitfield, Milton Keynes, MK11 3LW, UK
UKHW020208200726
13856UKWH00003B/1250